AF461698

RÉPONSE D'UN *CAMPAGNARD* DE PIERREFORT, *AU PHYSICIEN* DE SAINT FLOUR, CAPUCIN, ET CUISINIER,

Sur les Coquilles, & bien d'autres choſes.

A CLERMONT,

M. DCC. LXVIII.

RÉPONSE D'UN CAMPAGNARD DE PIERREFORT, AU PHYSICIEN DE SAINT FLOUR,

Capucin, & Cuisinier: sur les Coquilles, & bien d'autres choses.

J'Ai appris, Monsieur, avec un plaisir mêlé d'admiration, par la dissertation que vous venés de publier, les expériences étonnantes faites il y a peu de tems sur les limaces & les escargots. Vous en recevrés mes remercîmens un peu tard. Le monde, je crois, changeroit de Maître, que nous ne l'apprendrions que longtems après, pauvres délaissés que nous sommes, confinés dans notre village, & bornés sans cesse dans notre vuë par le fond d'une pinte ou par une motte de terre. De tout ce qui s'écrit en France vos feuilles ſont les ſeuls ouvrages que nous liſions; je ne ſais même qu'elle vogue ſes y porte, tandis que ceux des Savans ne nous parviennent jamais. Vive la joïe pour nos enfans! Ils pourront donc ſans ſcrupule couper les cornes de nos eſcargots; cette malice ne ſervira qu'à faire d'autant mieux éclater la puiſſance du Créateur par la reproduction de ces cornes; & quand quelque vieux drôle à force d'attaques aura uſé ſes fléches & ſon carquois, pour lui rendre ſa jeuneſſe & ſa vigueur on n'aura qu'à le faire eunuque. Pluſieurs de nos femmes ſont déſolées que leurs maris ne ſoyent pas eſcargots; elles ont des ciſeaux tout-prêts, au cas qu'une ſi belle propriété ſe découvre dans l'eſpèce humaine. Que d'hommes charmés de rajeunir à ce prix! Car j'apprens que dans ce ſiécle où l'on s'occupe beaucoup de population, les hommes pour ceſſer trop tôt d'être enfans menacent bien-

tôt

tôt de caducité, & qu'il ne faut pas avoir soixante & quatorze ans pour envier le sort de Tithon. Quoi qu'il en soit, Monsieur, il ne paroit pas que cela vous regarde, car il régne dans vos écrits une legéreté, une gaillardise, une maniére en un mot, qui sent son jeune homme, & qui vaut beaucoup mieux pour amuser nos Provinces que tous ces beaux ouvrages que vous faisiés il y a cinquante ans. Cependant, aussi enchanté des merveilles da la nature que nous le sommes de celles qui sortent de votre plume, vous avez fixé votre bouillante jeunesse à des observations de Physique. On auroit eu peine de croire Mr. Spallanzani sur sa parole, comme on n'en auroit jamais crû Newton sur la sienne, si vous n'eussiés vérifié leurs expériences. Vous avez contribué sans doute à répandre les découvertes de ces deux grands hommes sur les insectes & la lumiére. Les Escargots sur tout avoient besoin d'une voix qui n'en fut pas à son apprentissage dans l'art de célébrer les héros.

Si vous faites la réputation des escargots, vous ruinés celle des Polypes ; le marteau dans une main pour détruire, & la truelle dans l'autre pour édifier. Vous doutés que le Polype soit un animal. J'ai bien ouï dire qu'un Genevois avoit fait de beaux mémoires sur la merveilleuse reproduction de ces petits êtres, & qu'il avoit clairement démontré que ce sont de vèritables insectes. par la maniére dont ils se contractent, s'avancent d'un mouvement vermiculaire, changent de place, tendent des piéges à leur proïe, l'avalent, & se multiplient. On disoit aussi que Mrs. de Reaumur, Bernard de Jussieu, Folkes, & bien d'autres accoutumés à observer la nature, avoient reconnu ces phénomènes, les avoient admirés, & en avoient tiré les mémes conséquences. Mais j'ai lû aussi par hazard une Lettre d'un Mr. Romé de l'Isle à Mr. Bertrand, où ces ob-

obſervations ſont conteſtées; ces Polypes ne ſont point des animaux, mais une production animale, le toît commun d'une fourmilliére d'inſectes. Je ſais bien qu'on voit ſouvent beaucoup d'animaux logés ſous le même toît; mais il me ſemble qu'alors le toît ne reſſemble guères à un animal. Cependant il faut s'en raporter abſolument à Mr. de Romé & à vous. Quand même vous n'auriez jamais vû de Polypes, qu'importe? Tout le monde ne connoit-il pas la force de votre imagination?

Une choſe ſeulement m'étonne. C'eſt qu'avec tant d'eſprit, vous ayez autant d'humilité. Car l'on dit que c'eſt ſous la ſoutane du Pére l'Eſcarbotier que vous avez publié vos jolies expériences. Qui ſe ſeroit attendu à vous voir dans un tel habit? Et fagoté de la ſorte, comment a-t-on pû vous y reconnoître? Il eſt vrai que dans toutes les farces joyeuſes dont vous amuſés depuis longtems le public, le rôle de Capucin eſt celui auquel votre mine s'ajuſte moins. Excuſés ma comparaiſon : mais quand le Diable ſe fit hermite, tout le monde le reconnut. Croïés-moi, Monſieur le Phyſicien de St. Flour : un homme comme vous n'a pas beſoin de ſe déguiſer pour faire rire. Soyez vous-même ſans crainte d'y perdre. Quelle Capucinade vaudra jamais vos charmans écrits ? Auſſi ai-je vû avec une véritable conſolation qu'après avoir revêtu la pauvre forme de Capucin, vous êtes ſorti de votre fange, comme un ver qui briſe ſon enveloppe, & prend ſon vol vers les Cieux. Car on prétend que vous étiez à la tête de ces *beaux eſprits* dont vous parlés qui furent dupes du gros De la Vigne. Jouër un bel eſprit ! Tromper ſur le ſexe des choſes un des quarante de l'Académie ! Lui faire accroire qu'un gros Commis eſt une jolie femme ! C'eſt le prendre pour un Jéſuite. C'eſt vouloir en faire le plus déterminé des incrédules.

Par

Par tout, Monſieur, dans vôtre mémoire, vous faites étinc ller le feu de votre génie. Brillant & profond tout enſemble, qui ſait mieux que vous inſtruire & plaire? Il eſt heureux que vos lumières ſoyent ſi ſures, & qu'il ſoit démontré que le plaiſir qu'on trouve à vous lire ne conduit jamais à l'erreur. Cette perſuaſion m'eſt commune avec beaucoup de gens ſimples de ces Cantons, qui ne vont point ſans ceſſe diſputant aux gens leur mérite. Quand un Auteur nous intéreſſe, qu'avons nous de plus à lui demander? Eſt-ce nous tromper que nous faire rire? Quelle eſt la fin de la vérité, ſi ce n'eſt le bonheur de l'homme? Un homme joyeux n'eſt-il pas heureux? Et s'il étoit poſſible qu'on le trompât en l'amuſant, qu'auroit l'erreur dans ce cas qui ne fut préférable à la vérité? Certes, je ne ſuis point ſurpris de voir que tous ces grands penſeurs ſoyent de triſtes gens; & que ce ſiécle ſi raiſonneur ſoit le plus trifte de tous les fiecles.

Voilà, Monfieur, le grand fujet de mes plaintes contre mon neveu. Le goût des fciences, & furtout de l'hiftoire naturelle l'avoient porté à voyager. Je l'avois rapellé, charmé d'avoir mon héritier auprès de moi. Jugés fi les voyages l'ont formé. Il me foutient que vous écrivés tout à rebours; que vous ennuiés par vos plaifanteries, & que vous faites rire par vos raifonnemens; en un mot il n'a pas le courage de vous lire; & comme j'ai la vuë fort courte, je combats fon jugement; fans quoi je courrois rifque de m'aveugler, malgré mes lunettes, par les petits caractères de vos écrits.

Nous avions lû *le Cathécumène*, ce chef d'œuvre enjoüé d'inftruction Chrêtienne; & *la remontrance à Jean Ruftan*, ce modèle de réfutation en fait de logique & d'honnêteté. Vous connoiffés fans doute ces brochures: Car l'on fait que vous cultivés la Religion avec autant de foin que la Phy-

fique

fique; & que vous avez même publié plusieurs belles inventions fur ces matières. Mon neveu s'étoit déja récrié fur l'éloge que j'avois fait de ces fortes piéces, quand votre differtation nous parvint. Jétois au comble de l'admiration. Qu'avés-vous, lui dis-je, à me repliquer fur Meffieurs Needam & De Buffon, fur les montagnes, la mer, & les coquilles? Rien à vous, ofa-t-il me dire; mais fi l'auteur lui-même étoit ici, je lui dirois modeftement: „ Monfieur „ le Phyficien de St. Flour, vous écrivés „ bien pour un Auvergnac; mais vous rai- „ fonnés mal pour un Phyficien. Ce n'eft „ pas le tout quand on fait un livre que „ de couper la tête à des efcargots le 27. „ de May par un beau tems, il faut de „ plus que ce livre ait le fens commun.

„ Il eft vrai que Mr. Needam eft un „ petit homme qui porte l'épée avec des „ bas noirs, une perruque ronde, & des „ manchettes qui lui paffent le bout des

„ doigts.

„ doigts. Il eſt vrai encore quétant à Ge-
„ nève il eut l'imprudence de ſe meſurer
„ avec un agréable campagnard du voiſi-
„ nage ; & qu'il donna au public le triſte
„ ſpectacle de la bonhomie turlupinée
„ par l'eſprit. Mais il ne ſuit pas de là ri-
„ goureuſement que Mr. Needam, pour
„ avoir entrevû des animalcules dans de
„ la farine, ſoit lui-même un gros animal
„ & un Charlatan ridicule. Perſonne n'a
„ moins l'air d'un homme qui cherche à
„ en impoſer. Mr. de Buffon ne l'en crût
„ point ſur ſa parole ; il répéta les expérien-
„ ces de Mr. Needam, & fut trompé comme
„ lui. Il vit auſſi de la farine organiſée qui
„ ſe tortilloit, & s'avaloit elle même pour ſe
„ nourrir. En voici la cauſe : Il avoit be-
„ ſoin de ces particules vivantes pour bâtir
„ ſon inconcevable ſyſtème, conçû même
„ avant les obſervations. Le jugement de
„ l'un fut trompé par ſes yeux ; & les yeux
„ de l'autre le furent par ſon amour pro-
„ pre.

„ pre. Un Philoſophe a pour le ſyſtême „ qu'il embraſſe des yeux d'amant ; & fait „ honneur à la nature du fruit de ſon ima- „ gination. *Hoc videt quod juvat videri.* „ C'eſt donc le grand homme qui fait mé- „ tier détudier la nature, & qui la décrit „ ſi bien dont les erreurs ſur ce point ont „ de quoi ſurprendre. Il n'a point été „ éffrayé des conſéquences de ſes obſerva- „ tions chim ériques. Il poſe même pour „ principe que *l'aſſemblage fortuit de ſes mo- „ lécules peut produire autant d'êtres organiſés „ que la ſucceſſion conſtante des générations.* „ Les Rhedi, les Malpighi, les Swammer- „ dam ſe ſont trompés. La nature n'a plus „ de régle. Ainſi de la même main dont „ il a ſi ſavamment débrouillé l'hiſtoire des „ quadrupédes il replonge dans le cahos „ l'origine de tous les êtres. C'eſt ici, Mon- „ ſieur, que vous pouvés vous égayer à „ votre aiſe, & qu'une fois les vrais Philo- „ ſophes feront pour vous.

„ J'admi-

„ J'admire plus que perſonne à d'autres „ égards l'auteur qui a donné dans ce fa- „ taliſme. La langue françoiſe n'eſt jamais „ plus belle que dans ſes ouvrages. Ma- „ gnifique dans ſes deſcriptions il ſemble „ ajouter aux richeſſes de la nature. Il n'y „ a peut être que Rouſſeau qui puiſſe lui „ diſputer la palme de léloquence. Vous „ en conviendrés ſans doute : Car vous ne „ connoiſſés point la jalouſie ; & quoi que „ cet auteur ait ſur vous une ſupériorité toû- „ jours mieux marquée, tout le monde ſait „ la juſtice que vous lui rendés. Mais qu'il „ auroit été à ſouhaiter que notre Natura- „ liſte poſſédât les ſciences exactes com- „ me vous le dites ! Ses travaux feroient „ bien plus utiles ; & tant de jeunes gens „ frappés des tableaux répandus dans ſon „ hiſtoire ne feroient pas trompés en la „ regardant comme le code de la bonne „ Philoſophie. On eſt étonné de voir, „ dans ſes diſcours ſur la nature, notre

„ Syſtê-

» Syſtême planétaire comparé à une rouë ; » les directions de la peſanteurs en ſont les » rayons ; les Planettes en ſont les jantes ; » & le Soleil qui en eſt l'eſſieu s'échauffe & » s'embraſe, comme une chaiſe de poſte, » par leur poids & leur mouvement. L'é- » tonnement redouble, en y voyant l'attrac- » tion donnée comme cauſe de la gravité, » l'impulſion renvoyée parmi les erreurs po- » pulaires ; & des qualitez occultes ſubſti- » tuées aux efforts loüables du Phyſicien » pour trouver la cauſe méchanique de ce » phénomène univerſel. On en croit à pei- » ne ſes yeux quand on lit, qu'on ne peut » concevoir comment un corps parfaite- » ment dur pourroit recevoir du mouve- » vement ; & tant de choſes ſi étranges ſur » le *reſſort*, qu'il réſulteroit de la cauſe qu'il » en donne des effets directement contrai- » res à l'expérience ; comme, par exem- » ple, qu'un reſſort réſiſteroit d'autant moins » à la compreſſion qu'on le comprimeroit

» da-

„ davantage, parce qu'alors l'attraction en„ tre ses parties séparées deviendroit tou„ jours moins puissante. J'avouë pourtant, „ qu'à tout prendre, peu de Poëtes sont aussi „ bons Physiciens que lui; & qu'il doit fai„ re fortune dans un tems où l'on juge des „ livres comme des hommes par les titres „ & la parure. Que d'auteurs profitant du „ ton du jour répandent des erreurs bien „ plus dangereuses que de fausses spécula„ tions de Physique!

„ Des molécules organiques qui contrai„ gnoient votre esprit, vous vous élevés à „ la formation des montagnes. On doit con„ venir qu'il n'est pas aisé d'imaginer com„ ment le flux & le reflux de la mer a pû „ former la montagne de Chimbo-raco en „ Amérique, le mont Sinai au Japon, le » Pic de Ténériffe dans l'une des Canaries, » & si vous voulés, votre mont St. Gothard, » dans la hauteur duquel vous faites entrer » sans doute pour quelques centaines de toi-

ses

» ses l'hospice que les Capucins ont bâti sur » la cime, pour avoir la consolation de » jouïr pendant l'été de toutes les rigueurs » de l'hyver; car le mont tout seul n'est » point aussi haut que vous le dites. L'on » sait que le plus grand flux qu'on connois- » se, vers le fleuve Indus, n'elève pas les » eaux au dessus de 30 pieds. Comment » d'aîlleurs rendre raison par cette cause » de la différente direction de ces grandes » chaines étendues d'Orient en Occident » dans l'ancien monde, & du Sud au Nord » dans le nouveau? Mais si j'avouë avec » vous que c'est un peu se moquer du mon- » de, que d'avancer sérieusement une telle » hypothèse, avouez aussi avec moi que » c'est s'en moquer tout à fait que de la » refuter en niant les faits indubitables dont » elle s'appuïe très mal à propos, Celui » qui a dit que *la formation des Alpes & du Caucase par la mer est moins vraisemblable que la formation des mers par ces montagnes*;

» a renfermé dans une jolie antithèse une » fort grande absurdité ; & malgré vous, » on ne lui pardonnera point, qu'il ne de- » mande pardon lui-même. Comment lui, » & son apologiste n'ont-ils pas vû, que » pendant des siécles le mouvement des eaux » de la mer auroit pû à toute rigueur amon- » celer des terres, creuser des vallées à la » base de ces éminences durcies par le tems, » & former ainsi les montagnes? Mais les » montagnes au moyen des rivières former » des mers! Eh, d'où viendroient-elles ces » riviéres, qui selon le calcul de Jean Keill » devroient couler 812 ans pour les rem- » plir? Des mers sans doute. Beau raison- » nement! C'est ainsi que dans les Cosmo- » gonies fabuleuses des anciens, l'amour » étoit fils du cahos, & ce cahos ne pouvoit » rien produire sans l'amour.

» Regardons ces montagnes distinguées, » ces masses énormes de rochers comme » des monuments d'une antiquité prodigieu.

» se

„ ſe, des témoins reſpectables de l'état pri-
„ mitif des choſes. Leur origine eſt vrai-
„ ſemblablement bien différente de celle
„ de ces montagnes ſécondaires, de ces col-
„ lines qu'elles ombragent à leur piés. Que
„ de ſiécles ont dû s'écouler pour durcir ces
„ maſſes effroyables juſques dans leur cen-
„ tre! Et qui ſait à quelle cataſtrophe il
„ faut attribuer leur entaſſement, & leur
„ éminence remarquable au deſſus des au-
„ tres parties de notre globe! Mais ces mon-
„ tagnes ne peuvent-elles pas avoir été ſous
„ les eaux, après avoir été formées? Elles
„ y ont ſéjourné ſans doute, comme le prou-
„ ve la correſpondance de leurs angles.
„ Combien de fois n'ont-elles pas été peut-
„ être repriſes & quitées par les mains de la
„ nature dans des révolutions ſans nombre?
„ Serez-vous plus étonné que l'Océan &
„ l'homme ayent tour à tour changé de de-
„ meure, que vous ne l'êtes de voir un
„ étang dans le parc d'un Seigneur Anglois

„ là où étoit l'année précédente un tertre „ de quarante piés ? Quelques mois & „ quelques bras d'homme ont fait tout l'ou- „ vrage. La nature a pour elle le mouve- „ ment & les siécles. Elle creuse les mers „ comme nous traçons un sillon ; & les mon- „ tagnes qu'elle élève ne sont que le trans- „ port d'un grain de poussiére.

„ Donnez-donc du tems à la nature ; & „ soyez surpris si les choses restent dans le „ même état. Elle ne crée rien ; elle n'a- „ néantit rien. Mais elle semble de tems „ en tems essayer ses forces pour tenter l'ê- „ tre & le néant. Elle s'agite sans cesse en- „ tre ces limites, & rend vraisemblables „ tous les possibles. Sans parler des mena- „ ces perpétuelles de ces grands corps qui „ traversent tout notre systême, & dont le „ moindre effet seroit la désorganisation de „ notre globe : Considérés seulement com- „ bien de moyens la terre renferme dans son „ sein pour se bouleverser elle-méme. Vo-

„ yez

„ yez le concours des cauſes internes avec „ les cauſes externes & locales toûjours agiſ- „ ſantes. Joignés y l'action réguliére des „ Aſtres qui déplacent perpétuellement l'axe „ de la terre, & preſſent l'écliptique vers „ l'équateur. Certainement les changemens „ de terres en mers, & de mers en terres, „ ſont un petit ouvrage pour de ſi grands „ inſtrumens. Des mines creuſées par le „ feu dans une vaſte étenduë; un terrain „ qui céde faute d'appui ſous ſon propre „ poids; des abimes comblés par les eaux; „ tout cela n'eſt qu'un jeu pour la nature. „ Les Provinces de Stafford & de Derby „ en Angleterre nous montrent des gouffres „ qu'on n'a pu ſonder. Qui ſait ſi ce n'eſt „ pas par de telles cauſes que l'ancien & „ le nouveau monde ſe trouvent ſéparés „ comme deux Iſles immenſes au milieu „ des mers?

„ Que l'Océan ſoit *creuſé* comme vous „ le dites, ſuit-il de là que la place qu'il

„ occupe ait toûjours été la plus basse de „ notre globe ? Ne sait-on pas que les vents, „ les torrens, les riviéres abaissent sans cesse „ notre sol, & élévent le fond des eaux ? „ Leur profondeur moyenne diminue ; la „ terre tend à se niveler avec elles. La mê„ me cause qui change si souvent le lit des „ riviéres par ses effets accumulés ne peut„ elle rien sur les mers ? Vous dites que *les* „ *Animaux n'auroient pû vivre sans eau de ri*„ *viere*. Et pour prouver là dessus l'embar„ ras des Naturalistes, vous allégués leurs ré„ ponses qui satisfont pleinement à la ques„ tion. Supposons la terre à la place de l'O„ cean ; ses Isles seroient nos montagnes : „ & qu'importe que les Isles soient des ro„ chers ? Faudra-t-il la baguette de Moïse „ pour en faire sortir de l'eau ? La plupart „ des sources des grandes riviéres sont sur„ montées de rochers énormes. Que con„ cluez-vous de ce que *la Mer pacifique n'a pas une seule Isle considérable ?* „ Cette re-

„ mar-

„ marque prouve tout au plus la profondeur „ de ſes eaux. Le Maire voulut la ſonder; „ & ne pouvant en venir à bout, il appella „ l'*Isle ſans fond* celle à l'entour de laquelle „ il tenta cette expérience. Remarqués qu'„ elle n'eſt point éloignée de l'équateur; & „ & que dans toute l'étendue de la zône tor-„ ride cette mer eſt ſemée d'une infinité „ de petites Iſles; il me ſemble voir les „ pointes du mont Atlas & des Pyrénées. „ Mais il n'y a *dans les Isles du Sud & du* „ *Nord aucune rivière de cent piés de large.* „ En ſeroit-il de même quand ces Iſles ſe-„ roient les montagnes d'un Continent? Eſt-„ ce de la cime du St. Gothard que tombent „ le Rhône, le Rhin, le Téſin. C'eſt dans „ de petits vallons, au pié de montagnes „ dominées elles-mêmes par de grandes maſ-„ ſes de rochers, que ſe raſſemblent les eaux „ qui forment les fleuves; & ces vallons „ au bas des Iſles ſont enſevelis ſous la mer.

„ Ah! pour ici, la pointe du capuchon ſe

„ cé

„ découvre. L'on ne manquera pas de dire „ que ſi le Pére l'Eſcarbotier raiſonne dans „ ſes lettres comme le Phyſicien de St.Flour, „ le Phyſicien parle quelquefois comme le „ Pe.Capucin. *Il faut s'aveugler*, dites vous, „ *pour ne pas voir que les montagnes ſont des piè-* „ *ces eſſentielles à notre terre, comme les os le* „ *ſont aux animaux.* Je ne crois pas que vo- „ tre Matthieu Baſchi, le grand inſtituteur „ de l'ordre craſſeux, ni Vincent Maſſard „ le Picpuſſe, ni Ste. Thérefe d'Avila, leurs „ réformateurs de glorieuſe mémoire, euſ- „ ſent mieux penſé. Il eſt beau ſans doute „ de chercher la cauſe finale des montagnes; „ mais en édifiant les ames il ne faut pas „ ſcandaliſer la raiſon. Quand on voit des „ déſerts immenſes & tout plats où les voya- „ geurs périſſent faute d'eau ; des chaînes de „ montagnes dans des païs inhabitables, „ quelques-unes qui ſe prolongent inutile- „ ment ſous la mer, d'autres qui s'élévent „ à ſa ſurface pour y former de dange-

reux

„ reux écueils. Quand on penſe que c'eſt „ dans ces atteliers ſouterrains que ſe com„ poſent le tonnerre, & toutes ces ma„ tiéres inflammables qui portent de mille „ maniéres la mort & l'épouvante dans les „ plaines, on eſt moins admirateur des „ cauſes finales telles que nous les enten„ dons, & l'on ſe dit qu'ici bas le mal eſt „ tout à côté du bien. Ne faut-il pas d'ail„ leurs qu'avec le tems toutes ces hauteurs „ s'abaiſſent & s'applaniſſent? Mais en re„ noiſſant l'indiſpenſable néceſſité des mon„ tagnes, qui ſont les machines hydrauli„ ques dont Dieu ſe ſert pour la diſtribu„ tion des eaux ſur la terre, ſuit-il de là „ que le Phyſicien ne puiſſe former au„ cune conjecture ſur leur origine? Quoi! „ Quand Mr. Duhamel & tant d'autres Phy„ ſiologiſtes ont recherché comment les os „ auxquels vous comparés les montagnes, „ croiſſoient dans le corps humain, penſés„ vous qu'ils niaſſent l'utilité de ces os?

C'eſt

„ C'eſt honorer la Providence que d'étu-
„ dier les moyens dont elle ſe ſert pour
„ ſes grands deſſeins. L'éruption des Ter-
„ ceres & des Açores, ou la chûte du Dia-
„ bleret entroient auſſi bien dans le plan de
„ la nature qu'un ouvrage de pluſieurs ſié-
„ cles: Et quelque cauſe qu'on aſſigne aux
„ phénoménes de l'Univers, ſi fortuites qu'el-
„ les paroiſſent, elles ſont toutes également
„ entre les mains du Créateur.

„ C'eſt pour le coup, Monſieur, que
„ vous êtes un homme terrible. D'un ſou-
„ fle vous faites rebrouſſer les mers, & vous
„ réduiſés toutes les coquilles en poudre.
„ On ne pourra plus ſans honte ſuivre un
„ ſyſtême que vous ruinés dans ſes fonde-
„ mens. *Toutes les coquilles de mer*, ſelon
„ vous, *ſont des coquilles de terre; toutes les*
„ *huitres qu'on trouve ça & là ont été envo-*
„ *yées toutes fraîches de Dieppe à quelcun qui*
„ *en en a jetté les coquilles. Des Tourangeaux*
„ *ont dit que les coquilles de leurs miniéres*

ne

„ *ne sont que de fausses coquilles ; & l'état „ major qui ne cherchoit point de coquilles sur „ le mont St. Bernard n'en a point trouvé.* „ Rien au monde n'est plus concluant. Un „ aveugle pourroit douter de la lumiére ; il „ n'en a aucune idée, & personne ne peut „ la lui faire naitre. Mais avoir deux yeux „ dans la tête, & nier les faits en question, „ c'est avoir une cataracte bien épaisse dans „ l'entendement. Je me trompe cependant: „ Quelque communes que soyent sur notre „ terre les productions de la mer, on n'en „ trouve pas toujours dans son jardin; & „ l'on ne peut guères les découvrir avec „ des lunettes sur les montagnes. Il faut „ les fréquenter souvent, gravir les rochers, „ fouiller la terre, briser des cailloux, des- „ cendre dans les cavernes, voyager en „ différens lieux, prendre beaucoup de pei- „ ne, & n'aimer que la vérité. Sied-il à un „ homme qui n'a vécu que dans son cabi- „ net & dans le monde, de contester à tant

de

„ de Naturaliſtes du premier mérite ; qui „ joignent à un travail infatigable la plus „ grande ſagacité, des vérités dont ils con- „ viennent unanimément ? C'eſt ainſi que „ le peuple très crédule pour les choſes „ ſurnaturelles eſt fort incrédule quand il „ s'agit des merveilles de la nature. Il dit „ auſſi que tous les Philoſophes ſont des „ fous. Vous n'êtes point peuple ; mais „ vous êtes jeune ; & ſi vous devenés moins „ opiniâtre, on vous fera voir des coquilles. „ Vous n'aurez qu'à demander de quelle „ eſpéce vous les voulez. Il eſt peu de cu- „ rieux, avec ſa petite collection, qui ne „ puiſſe vous ſatisfaire. On vous montrera „ de vrayes coquilles de mer trouvées ſur „ les montages des quatre parties du mon- „ de au centre des terres. Vous verrez mil- „ le productions de cet élément, ſoit ani- „ males, ſoit végetales, à qui le tems a „ donné la conſiſtence de la pierre ; mille „ incruſtations ſur différentes terres ſi bien

„ fai-

„ faites, qu'un ciseleur ne pouroit les ren-
„ dre aussi exactement avec l'original sous
„ les yeux. Vous connoissez la petite mon-
„ tagne de Salève près du lac de Geneve;
„ eh bien! la mer n'a pas dédaigné d'y dé-
„ poser aussi des coquilles, des madrépo-
„ res, un assez grand nombre de corps pé-
„ trifiés, que les curieux y vont chercher.
„ Quand vous serez plus avancé, l'on met-
„ tra sous vos yeux des fossiles marins de
„ la mer des Indes, des empreintes de vé-
„ getaux d'Amérique trouvés en France à
„ cent toises de profondeur, & des produc-
„ tions de nos pays trouvées dans les mines
„ du Levant. Quelles révolutions ne sup-
„ posent pas de semblables déplacemens!
„ Un Italien n'a pas craint de dire que les
„ poissons pétrifiés ne sont que le rebut de
„ la table des anciens Romains: d'autres
„ ont assuré que ce sont des singes ou des
„ pélerins qui ont porté des coquilles sur les
„ montagnes. Il faloit que les Romains eus-
„ sent

„ ſent bon bras pour lancer ainſi leurs mau-
„ vais poiſſons, juſqu'au Méxique d'un côté,
„ & juſqu'au Japon de l'autre; & que les
„ ſinges d'autrefois fuſſent de grands voya-
„ geurs. Toutes ces belles explications va-
„ lent bien vos huîtres de Dieppe. Quand
„ en creuſant les fondemens de l'Egliſe de
„ St. Jean dans l'Ile de Manar, on trouva
„ une médaille de l'Empereur Claude, il
„ eſt clair qu'elle y avoit été portée du tems
„ de Xavier, ou que l'Architecte pour rire
„ aux dépens des ſots avoit cette médaille
„ dans ſa poche. Mais attribuer à de peti-
„ tes cauſes locales des faits auſſi généraux
„ que ceux dont nous parlons, c'eſt reſſem-
„ bler à l'Architecte, ou vouloir apprêter à
„ rire ſoi-même. Regardons ces vaſtes dé-
„ pots de la mer dont notre terre eſt cou-
„ verte comme des médailles frappées par
„ la nature en mémoire d'événemens dont
„ aucun homme n'a pû nous tranſmettre
„ l'idée.

„ Il

„Il faut être déja bien aguerri pour n'ê-
„ tre pas épouvanté des miniéres de la Tou-
„ raine. Comment vous, Monsieur, qui
„ ne pouvés suporter une seule coquille, en
„ digérerés-vous le prodigieux amas que
„ Mr. de Réaumur fait monter à plus de
„ cent millions de Toises cubiques. Un peu
„ de courage. C'est par degrès que de foi-
„ bles yeux s'accoutument à voir la lumié-
„ re. Quand vous aurez bien reconnu quel-
„ ques fossiles pour des corps marins, vous
„ ne tarderez pas à être digne de croire aux
„ faluniéres du Vexin & de la Touraine.
„ Vous ne feriez pas mal auparavant de vi-
„ siter les carriéres des environs de Paris;
„ descendés surtout dans les caveaux de l'ob-
„ servatoire; vous y verrez un lit d'un pié
„ de coquilles régnant dans toute l'étendue
„ du roc. Vous vous demanderez alors si
„ ce sont des singes du Cap, ou des Péle-
„ rins de Syrie qui ont apporté là cette col-
„ lection; & vos refléxions là dessus ne man-

„ que-

„ queront pas de vous préparer utilement, aux
„ faluniéres. Quant aux tourangeaux qui vous
„ ont menti ſur le chapitre des coquilles, je ne
„ ſais qu'y faire, peut-être ont-ils voulu
„ par là vous faire la cour. Il n'eſt pas moins
„ ſur que tous les Naturaliſtes qui les ont
„ examinées y ont trouvé beaucoup de co-
„ quilles bien conſervées, & dépoſées com-
„ me elles le ſont au fond de la mer hori-
„ zontalement & ſur le plat; ce qui dénote
„ un dépôt tranquille des eaux. On y dé-
„ couvre encore un grand nombre de co-
„ raux, de madrépores, de cerveaux de mer,
„ d'os de poiſſons, de palmiers marins, de
„ débris de la mer de toute eſpèce: Il eſt
„ vrai que la plus grande partie de ce *cron*
„ eſt formé de coquilles comminuées qui
„ ont perdu leur forme & leur couleur;
„ mais, un voyageur qui ſe proméne au
„ milieu des ruines d'Herculaneum ou de
„ Palmyre eſt-il embarraſſé de ſavoir à quoi
„ rapporter les petits débris qui environnent
„ ces

„ ces beaux restes ? Et s'il voit sur le socle „ d'une antique statuë ou sur la base d'une „ colonne cette terre séléniteuse qu'on y re„ marque, ne comprend-il pas aisément que „ c'est du marbre dissout ?

„ *Le Falun de Touraine*, dites-vous, *dont* „ *on se sert pour fumer les terres, s'il étoit fait de* „ *coquilles, seroit un très mauvais fumier.* „ Voi„ là une assertion directement contraire au „ bon sens & à l'expérience. Dans quel„ ques Provinces de l'Angleterre, en Sar„ daigne & en Sicile, on calcine des co„ quilles pour en faire de la chaux dont on „ fertilise les terres. L'on y est assez éclairé „ pour savoir que dans les coquilles des tes„ tacées, comme dans les os des animaux, „ ce qui unit les parties terreuses est un „ *gluten* très huileux. On connoit dans les „ hôpitaux la marmite de Papin, avec la„ quelle on fond les os dont on fait une „ gelée très nourrissante ; & sans doute une „ pâte faite du *tritus* des coquilles, des sels

„ & des huiles qu'elles contiennent ; doit „ faire un fort bon engrais. Une terre ainsi „ fertilisée en a pour trente ans. Ces mi- „ niéres ne sont, selon vous, *qu'une marne „ pulvérisée, une masse de pierres calcaires calci- „ nées par le tems.* On avoit crû jusqu'à pre- „ sent que les faluniéres où l'on ne trouve „ ni terre ni pierres ne pouvoient pas être „ de la marne toûjours graveleuse ; on croi- „ oit aussi qu'une marne pulvérisée qui ne „ contient que très peu de glaise amende- „ roit mal un terrain stérile ou facilement „ épuisé. Ne disputons pas sur les mots. Mar- „ ne pulvérisée, terre calcaire, falun, peu „ importe ici. La plus grande différence en- „ tre ces matiéres provient de la substance „ qui sert de lien à leurs parties, laquelle „ étant détruite par la calcination laisse une „ terre à peu près de même nature. Mais „ que gagnez-vous à changer ainsi les ter- „ mes ? Vous vous tendez un piège ; vôtre „ propre explication fait contre vous. Au-

„ tant

„ tant vaudroit dire que le pain n'eſt point „ fait de bled, mais de farine. Que ſont, „ en effet la marne, & toutes les terres cal- „ caires ? Des foſſiles qui tirent evidem- „ ment leur origine du détriment des os, „ des polypiers, des corallines, des coquil- „ les qui s'y rencontrent; & dans leſquels „ il entre plus ou moins de vaſe de mer, „ & de cette ſubſtance onctueuſe provenant „ de la deſtruction de ſes habitans. En vou- „ lez-vous la confirmation ? Diſtilés ces ma- „ tiéres; vous obtiendrés des produits uri- „ neux qu'aucune pierre ne donna jamais; „ & qui ſont le caractère diſtinctif du régne „ animal. D'ailleurs, comme on fait de la „ très bonne chaux avec des coquilles, on „ comprend comment les coquilles & d'au- „ tres productions marines peuvent être la „ baſe des terres calcaires. *Mais ſi la mer,* „ dites-vous en argumentant toujours de la „ même force, *avoit deposé en Touraine ces* „ *lits de petits cruſtacées, on en trouveroit autant*

 dans

„ *dans les autres Provinces.* („ C'eſt des *teſta-*
„ *cées* dont vous avez voulu parler : car
„ l'on convient que ces lits n'ont pas été
„ formés d'écailles de cancres ou de ſquil-
„ les.) On vous répondra, 1°. Qu'il ſuffit
„ du fait en Touraine, bien éxaminé, &
„ bien avéré ; les Carriéres qui ne ſe trou-
„ vent pas ailleurs ne changent pas la na-
„ ture de celle-ci. 2°. Pourquoi n'y auroit-
„ il pas dans la mer des plages où ces co-
„ quillages aiment à s'étendre ; & où ils
„ ſont entaſſés par les flots ? Dans toute l'é-
„ tenduë des côtes maritimes, on ne comp-
„ te que huit grandes pêcheries de perles
„ où le coquillage qui les produit dédom-
„ mage par ſon abondance des fraix de la
„ pêche. 3°. L'on trouve en effet dans
„ les autres Provinces beaucoup de ces ma-
„ tériaux diſperſés que la mer a mis en œuvre
„ pour les faluniéres. 4°. Enfin l'on a pas
„ fouillé par tout. Il eſt vraiſemblable qu'on
„ trouveroit beaucoup d'autres mines, peut-
„ être

„ être à une trop grande profondeur pour „ que l'exploitation en valut la peine; tous „ les agriculteurs ne ſe plaignent ils pas de „ l'indifférence du Gouvernement à décou- „ vrir des terres d'engrais ?

„ Graces donc, Monſieur le Phyſicien, pour le potier de terre nommé Paliſſi. Il „ eut ſans doute grand tort de n'être pas né „ Gentil-homme; mais il le racheta com- „ me il pût en s'élevant au deſſus de ſon „ état & de ſes contemporains. Et après „ tout, quand en maniant des terres il en „ recherchoit la nature & les différens uſa „ ges, il ne faiſoit qu'étendre ſon art. Il „ auroit fait pitié s'il s'étoit mêlé de littéra- „ ture & de poëſie. Rendez hommage à „ cet artiſan eſtimable qui enſeigna le pré- „ mier la vraye théorie des fontaines. Les „ Encyclopédiſtes l'ont fait. Et Fontenelle „ a dit de lui: *Qu'il étoit auſſi grand Phyſicien „ que la nature ſeule en puiſſe former un.* On „ diroit, à vous entendre, que ſon ſyſtême

„ ſur

„ ſur les coquilles tourna d'abord la tête aux „ Philoſophes. Point du tout. Il faut leur „ rendre juſtice. C'étoit une idée nouvelle : „ Ils agirent en Philoſophes, & ſe moqué- „ rent de lui. Ce ne fut que cent ans après, „ que les coquilles crevant les yeux des ob- „ ſervateurs réveillérent la mémoire du bon „ Saintongeois qui avoit ſoutenu le prémier „ en France que des coquilles n'étoient pas „ des pierres, & que ce n'étoient pas des pé- „ lerins, mais la mer, qui en avoit formé „ des carriéres & des montagnes. Vous ci- „ tés le titre fort plat de ſon livre; & vous „ voulez qu'on juge par là de l'ouvrage. „ Juger d'un ouvrage par ſon titre! L'on „ eſt guéri de ce préjugé, depuis que vous „ publiez tant de brochures dont les titres „ ſont ſi plaiſans.

„ Vous triomphez ſur les *gloſſopêtres*. Quel „ plaiſir de vous voir joüer ſur ce mot ! *Douze mille Marſouins qui ſont venus ſur une*

monta-

montagne déposer leurs langues ! Il faut bien
„ aimer les miracles ! car vous avez fait
„ celui-là. Mais un miracle que vous ne
„ sauriez faire, c'est d'être juste, & de rail-
„ ler à propos. Quelques pédants du seizié-
„ me siécle voyant des fossiles qui ressem-
„ bloient mal à des langues, les appellérent
„ des *glossopêtres*, comme ils appellérent *Cra-*
„ *paudines* des dents de Dorade qu'ils croï-
„ oient imbécillement être des langues de
„ crapaud. On enseignoit alors sérieusement
„ que les huîtres étoient des animaux-plan-
„ tes qui croissoient & décroissoient avec
„ la lune. Plaignons ces tems de sottise &
„ d'erreurs ; & n'en accusons pas notre sié-
„ cle. Cent dénominations trompeuses &
„ puériles sont parvenuës jusqu'à nous, &
„ s'y sont consacrées. Mais y attache-t-on
„ la même idée ? Si vous le croyez, Mon-
„ sieur, pour en rire, vous le pouvez in-
„ nocemment ; ce n'est point alors se mo-
„ quer des gens, c'est se moquer de soi-

„ même ;

„ même ; & tous les rieurs feront pour „ vous.

„ J'en viens à la belle refléxion philosophique par laquelle vous terminez votre „ procès contre la nature, & qui le couronne fuperbement. *La nature forme des „ pierres en étoiles, en volutes, en cube &c. ne „ pourra-t-elle produire ces pretenduës glossopêtres? Ne pourra-t-on permettre à la terre qui „ produit des bleds & des fruits de produire ces „ pierres qu'on appelle des Cornes d'Ammon ?* „ La nature ne forme point de pierres en „ étoiles & en volutes ; ouï bien en cube. „ Elle ne fait en ce genre rien de régulier „ que les faces de fes criftallifations ; le „ refte n'eft qu'un jeu des circonftances & „ du moment. Examinez une de ces pierres prétenduës, de même que la plûpart „ des cornes d'Ammon. Vous y verrez „ l'incruftation de la coquille qui leur a „ fervi d'étui dans l'état de fluidité, & „ que le tems a détruite. La comparaifon

„ de

„ de ces pétrifications & des vrayes coquil-
„ les auxquelles on les rapporte ne permet
„ pas d'en douter. Brisez une *glossopêtre*,
„ ou une *ictyodonte*, pour mieux parler. Après
„ le tissu serré qui forme l'émail de la dent,
„ vous en reconnoitrez l'intérieur par le tis-
„ su cellulaire qui est propre à cette par-
„ tie; quelques unes par leur usure portent
„ l'empreinte du service quelles ont ren-
„ du; leur forme, leur grosseur, tout nous
„ éclaire sur leur origine légitime. Ah! que
„ Mr. Needam auroit ici beau jeu con-
„ tre vous! Vous ne voulez pas croire que
„ sa farine se change en anguilles; & vous
„ voulez nous persuader que votre terre se
„ change en poissons! Cela n'est pas juste.
„ C'est à vous à croire à Mr. Needam, &
„ à nous, à ne vous croire ni l'un ni l'autre.
„ Les *bleds* & les *fruits* ont leur germe;
„ montrez-nous ceux des cornes d'Ammon.
„ La Momie que l'on a trouvée il y a quel-
„ ques années dans notre Province avoit-elle
„ aussi

„ auſſi crû dans ſon tombeau ? N'eſt-ce „ point par une alluſion prophétique qu'Ho„ race diſoit : *Delphinum Sylvis appingit, „ fluctibus aprum.* Certainement, s'il eſt vrai, „ comme vous le dites, que vous ne deſ„ diez pas d'une *moruë*, raiſonnez autre„ ment pour que nous en ſoyons convain„ cus.

„ Soyez plus ſage, Monſieur le Phyſicien ; „ & croyez enfin aux coquilles : il y a tems „ pour tout dans la vie. Vos doutes pou„ voient ſe comprendre avant que la ré„ putation de nos grands Naturaliſtes fut „ établie ; maintenant que la choſe eſt faite, „ qu'y gagnerés-vous ? Xénophane, Platon, „ Sénéque, Plutarque &c, étoient perſuadés „ que la mer avoit autrefois couvert notre „ globe. Ils avoient vû des Porphyres d'E„ gypte & de Syrie remplis de coquilles, „ & employés à des ouvrages faits il y a „ trois mille ans. Voyez ce que les yeux „ vous montrent, ſans paſſion, ſans préju-

„ gé,

„ gé, ſans que la gloire des autres vous in-
„ quiéte. C'eſt ainſi qu'on nuit à la ſienne.
„ Ne cherchez pas ſur le St. Bernard des
„ huîtres fraîches, qui ſont les ſeules que
„ vous aimiés. Vous n'en trouverez ſure-
„ ment pas. Ne faites pas même chercher
„ de vieilles coquilles ſur la cime des plus
„ hautes montagnes par un poſtillon à che-
„ val; il n'en trouveroit pas non plus. Choi-
„ ſiſſez les lieux & les perſonnes, comme
„ ayant réellement intention de trouver ce
„ que vous cherchés. Suportés les coquil-
„ les, comme qu'elles ſoyent, pétrifiées,
„ entiéres, dans l'état de falun ou autre-
„ ment. Ces coquillages & les *moruës* vi-
„ voient enſemble, vous le ſavez: ne re-
„ butez pas les anciens amis de la maiſon.
„ Permettez auſſi que la mer ait ſéjourné
„ longtems ſur la terre. Ne faites pas com-
„ bler à Amſterdam le puits dont Warre-
„ nius fait mention. Il y remarqua vingt
„ couches paralléles de terres toutes diffé-

„ ren-

„ rentes dans la profondeur de 232 piés. „ Souffrés que nous regardions ces vingt „ couches comme des ſédimens de la mer „ pendant quelques vingtaines de ſiécles. „ Que votre foi cependant ne s'allarme pas. „ Je ſais que vous êtes bon orthodoxe, & „ que vous craignez beaucoup de voir ainſi „ la Religion aux priſes avec la nature. „ Mais on peut s'arranger dans le monde. „ Qu'il ſoit arrivé à notre globe avant la „ Création d'Adam tout ce que les Natu„ raliſtes imaginent ; ce ne ſont point là „ nos affaires. Comme vous êtes fort verſé „ dans les langues Orientales, vous ſavez „ que le mot Hébreu *Bara* ſignifie auſſi bien „ *forma* que *créa*. Et quand même il devroit „ être entendu d'une Création proprement „ ditte, en bon critique vous ſavez encore „ que la terre a pû être créée *au commence-* „ *ment*, puis reformée il y a ſix mille ans. „ Beaucoup de gens de mérite, très ſavans, „ & très bons Chrêtiens, ne doutent pas

„ plus

„ plus des veſtiges du long ſéjour des eaux „ ſur notre terre ; qu'ils doutent de l'her„ be des champs, & du ſable du bord des „ riviéres . . . . . . :

Mon neveu auroit continué ; mais je ſuffoquois ; & je le fis taîre de force. Qui n'auroit eſpéré, Monſieur, qu'étant nouvellement de retour de Paris, où tout eſt mode, & dont vous êtes aujourd'hui le Dieu, la tête lui auroit tourné, comme à tant d'autres, en parlant de vous ? Ah! le peſant perſonnage ! Je lui pardonnerois s'il n'étoit queſtion que de la mode inconcevable des Pantins ou de Ramponeau ; mais de Vous! Il faudra que je le renvoye, ſi je ne veux le déshériter dans un moment de mauvaiſe humeur.

J'ai l'honneur d'être avec un reſpect ſurnaturel,

MONSIEUR,

Vôtre très humble &c.

www.ingramcontent.com/pod-product-compliance
Ingram Content Group UK Ltd.
Pitfield, Milton Keynes, MK11 3LW, UK
UKHW021036180726
13838UKWH00004B/1830

9 782329 340487